AF586946

ZOOTECHNIE.

DU MOUTON

ET DE SON AVENIR

DANS QUELQUES DÉPARTEMENTS

DU SUD-OUEST DE LA FRANCE,

PAR RINGUET,

Médecin-Vétérinaire.

PÉRIGUEUX
IMPRIMERIE DUPONT ET Ce, RUE TAILLEFER.

1868.

ZOOTECHNIE.

DU MOUTON

ET DE SON AVENIR

DANS QUELQUES DÉPARTEMENTS DU SUD-OUEST DE LA FRANCE.

Nititur ad utilia.

La note de M. de Lavergne sur la diminution de la population ovine en France a produit une sensation immense ; malgré les réserves sous lesquelles elle était présentée, la presse agricole et la presse politique ont cherché à en atténuer la portée de diverses manières : les uns ont attaqué la statistique ; d'après eux, la diminution est un fait controuvé. Si cette diminution est signalée, il faut en accuser la négligence apportée dans la confection des travaux des commissions cantonales ; nous prenons cette objection pour ce qu'elle vaut. Si le recensement de la population animale de 1857 est défectueux, que dire de celui de 1852 et surtout de celui de 1862, qui n'est pas encore publié? Il ne viendra, sans doute, à l'esprit de personne de réclamer, pour les travaux de cette nature, l'exactitude mathématique que l'on aurait dans les supputations de chiffres moins compliquées et demandées à un grand nombre de persommes d'aptitudes diverses; mais il n'en est pas moins vrai que si les statistiques méritent quelque confiance, c'est surtout depuis l'établissement des commissions cantonales telles que les a créées le second empire et dont la grande majorité a fourni des documents sur la sincérité desquels on peut être parfaitement édifié.

Cette appréciation sévère des travaux de statistique ne doit pas nous surprendre; c'est une de ces raisons comme on en trouve toujours, quand on est décidé à en donner; elle ne manque pas d'avoir, à première vue, un caractère spécieux pour séduire les gens faciles à convaincre (puisqu'il est difficile d'en contrôler le bien fondé); mais vous pouvez être sûrs que ces appréciateurs peu indulgents seront les premiers à faire usage des chiffres de la statistique, à les mettre en avant, pour peu que ceux-ci viennent à l'appui de leur manière de voir.

Une seconde catégorie de gens mieux avisés considère cette diminution comme passagère; à cette heure même, peut-être le déficit est-il comblé et la population ovine a atteint ou dépassé le chiffre de 1852. Suivant eux, si le nombre des moutons a diminué dans la période quinquennale sus-désignée, il faut en trouver la cause dans les ravages occasionnés par la cachexie aqueuse dans le courant des années 1853, 1854. C'était l'avis du regrettable Delafond, c'est encore celui de M. Reynal. Émise par des hommes aussi haut placés dans la science, cette opinion est généralement tenue pour vraie aujourd'hui; pour nous, sans vouloir en aucune manière combattre cette manière de voir, nous croyons que si la pourriture est pour quelque chose dans la diminution du nombre de têtes de moutons de nos départements, ce n'est pas là la seule cause et qu'il en existe d'autres tout aussi importantes, au moins en ce qui concerne quelques départements du sud-ouest : la Haute-Vienne, le Lot, le Lot-et-Garonne, la Dordogne.

Une troisième catégorie d'agriculteurs et d'économistes, sans contester la véracité des chiffres fournis par M. de Lavergne, donnent une interprétation de cette diminution. Si le nombre de têtes a diminué, disent-ils, en revanche les moutons ont un poids, individuellement, plus considérable, de telle sorte que la perte, en laine et en viande, occasionnée par cette diminution, serait plus apparente que réelle. Ce résultat serait dû à l'introduction des moutons anglais sur le continent ; ces derniers ont donné des produits d'un volume, d'un poids bien supérieur à celui des moutons français; il pourrait bien se faire dès lors que le poids et la qualité aient suppléé à la quantité.

Quoi qu'il en soit de ces diverses interprétations, il est un fait positif : c'est que la population ovine a diminué dans les départements dont l'énumération a été faite plus haut. Que l'on suive attentivement les localités que ces départements embrassent, que l'on interroge les propriétaires, les agriculteurs, ils vous répondront tous à l'unisson : cette diminution est un fait acquis qu'il n'est pas possible de révoquer actuellement en doute. Ils vous énumèreront même au besoin, dans chaque commune, dans chaque canton, le nombre de troupeaux qui ont disparu depuis une quinzaine d'années.

Quelles sont donc les causes de cette diminution? En laissant de côté celles dont il a été déjà question, on peut attribuer l'affaiblissement de la population ovine dans les contrées que j'ai en vue : 1° aux défrichements; 2° à l'aménagement des bois, à la surveillance plus rigoureuse exercée depuis quelques années sur les propriétés boisées ; 3° à l'aliénation des communes.

1° Des défrichements considérables ont eu lieu dans le sud-ouest et le midi depuis peu d'années; ils ont été provoqués d'abord par la nécessité de subvenir aux besoins d'une consommation toujours croissante ; ailleurs, ils ont été faits en vue de la culture de la vigne, pour les produits de laquelle nos nombreux chemins de fer ouvrent tous les jours de nouveaux débouchés ; enfin, un nombre plus restreint d'agriculteurs, mus uniquement par le désir d'une agriculture plus avancée, ont opéré le défrichement de Landes, de pâtés qui n'avaient guère servi jusqu'ici qu'à la dépaissance du mouton.

C'est ainsi, par exemple, que, dans la Haute-Vienne et le Lot-et-Garonne, beaucoup de propriétaires, par l'agriculture intensive de leurs domaines, montrent à leurs voisins quelles sont les ressources de la terre lorsqu'elle est cultivée, suivant les véritables principes, tandis que dans le Lot et la Dordogne, les détenteurs du sol, stimulés par les débouchés faciles qu'ont jusqu'ici trouvés leurs vins, par les bons prix auxquels ils se sont écoulés, se hâtent de convertir en vignobles des plateaux, des collines demeurés incultes jusqu'à nos jours.

Ces défrichements continuent tous les jours, et le temps n'est pas éloigné où ces terres nouvellement cultivées verseront à la conformation une grande quantité de produits de diverses natures destinés à satisfaire nos besoins, qui augmentent avec le bien-être des populations. Mais si, au point de vue des besoins généraux, ce réveil de l'agriculture donne des résultats que nous devons désirer, le défrichement, d'un autre côté, a exercé une influence fâcheuse sur la population ovine de ces mêmes contrées.

La grande majorité des troupeaux trouvaient, dans ces terres incultes, une bonne partie de leur nourriture ; à peine, si dans la saison rigoureuse, on leur donnait quelques livres d'un mélange de paille et de foin ou de regain ; ils y trouvaient encore l'exercice et l'air vif, si nécessaires à l'entretien du mouton en santé. De sa nature, cet animal aime la vie du dehors ; s'il reste constamment enfermé dans nos étables de construction si vicieuse, sa santé s'altère, il s'étiole, il vit d'une vie maladive, comme les plantes que la culture a modifiées et que l'on reproduit par les moyens artificiels. La suppression de ces pâturages naturels, qui ont dû disparaître devant une agriculture plus avancée, a amené ainsi la disparition d'un bon nombre de troupeaux dont l'entretien ne saurait plus se faire d'une manière économique. Cette disparition est surtout manifeste dans les localités où la culture du tabac et de la vigne ont pris une extension rapide en peu de temps ; aujourd'hui, le mouton n'y est plus conservé en troupeaux de production que dans les points les plus élevés, où le système pastoral ne peut pas être avantageusement remplacé à cause de la difficulté et du prix de revient de toute culture ; partout ailleurs, les animaux de l'espèce ovine ne figurent plus, dans les domaines, que comme bêtes de boucherie ; la production de la laine n'est plus qu'une question accessoire.

Tous les ans, les propriétaires vont, dans les localités où l'on produit encore le mouton, faire l'acquisition d'un certain nombre d'animaux à l'âge adulte, de 3 à 4 ans, ou bien ils les achètent à des marchands qui se contentent d'un bénéfice net de 0 fr. 50 à 1 fr. par tête ; l'achat se fait ordinairement de la fin-août à la première quinzaine de novembre. On conserve les bêtes jusqu'à la sortie de l'hiver ; pendant ce temps, on leur donne, matin et soir, avant et après la sortie, quelques poignées de foin et de regain auxquelles on ajoute dans le dernier mois un peu de maïs en grain, des châtaignes sèches ou du tourteau de noix, de betteraves, de carottes fourragères.

Dans le courant de mars, d'avril et les premiers jours de mai, ils sont vendus comme bêtes de boucherie, et dirigés vers les grands centres de population. Par cette manière d'opérer, le propriétaire réalise d'assez beaux bénéfices, et ne garde ses moutons que juste le temps pendant lequel les provisions de l'hiver lui permettent de pouvoir les nourrir assez abondamment. Dans quelques localités, principalement dans les plaines, où les blés, dans le mois de mars, ont une végétation vigoureuse, on finit l'engraissement du mouton en les faisant paître dans les champs de froment ; c'est ce qu'on appelle le moutonnage. Cet animal est très friand. Quelle différence entre le nombre de têtes de ces troupeaux de rente avec le nombre de têtes des troupeaux de production que les mêmes propriétaires entretenaient autrefois ! Celui qui engraisse actuellement de

20 à 25 moutons, possédait ordinairement un troupeau de 60 à 100 têtes. La diminution dans le nombre d'animaux varie de la moitié au quart; aussi le prix des moutons maigres va-t-il continuellement à la hausse, et, ce qui est surprenant, c'est que les engraisseurs trouvent facilement à faire leur approvisionnement.

Cette manière de procéder se rapporte aux domaines les plus considérables, ceux dans lesquels l'étendue des terres arables permet de récolter assez de fourrages artificiels ou de plantes sarclées pour pousser à l'engraissement; mais dans les fermes ou les métairies plus restreintes, le mouton a presque complétement disparu; non-seulement on ne s'adonne plus à sa production, mais encore il est très rare qu'il soit poussé pour la boucherie; à peine si quelques métayers achètent quelques agneaux d'un an à quinze mois qu'ils gardent pendant l'hiver, et vendent au printemps après la tonte. Ce sont les plus pauvres; ils n'agissent ainsi que dans le but de se procurer la laine qui doit servir à vêtir toute la famille.

2° Avant la promulgation du traité de commerce avec l'Angleterre (nous mentionnons la date de ce grand événement sans la prétention d'exprimer aucune opinion à cet égard), nos établissements métallurgiques se trouvaient dans un état des plus prospères depuis le rétablissement de l'empire; ils consommaient une énorme quantité de charbon de bois; aussi les propriétés boisées avaient-elles acquis une valeur considérable d'un autre côté, les débouchés créés aux produits des taillis par l'industrie vinicole, de jour en jour plus prospères, ont encore accru la valeur de ces derniers, dont les revenus nets sont considérables; ces deux circonstances ont engagé les propriétaires qui en sont les détenteurs à faire exercer une surveillance plus active contre les maraudeurs et autres gens qui pouvaient entraver la venue des arbres ou des jeunes pousses. Avant 1852, la plupart des riches propriétaires toléraient assez facilement le parcours des moutons dans les propriétés boisées;

les troupeaux, en assez grand nombre, trouvaient, dans la dépaissance, sur ces propriétés, de quoi subsister une grande partie de l'année, surtout pendant la saison la plus rigoureuse. Depuis une quinzaine d'années, cette tolérance a fait place à une défense sévère de parcours; ces mêmes propriétaires ont des gardes particuliers, ou bien ils se sont associés et paient un garde commun chargé de veiller spécialement à ce que les troupeaux n'entrent plus dans les bois. Quelques-uns même, pour donner aux gardiens des troupeaux une idée plus nette de l'importance qu'ils attachent à cette interdiction, se sont défaits volontairement des troupeaux de production qu'ils possédaient. On conçoit facilement, sans qu'il soit besoin d'insister, que cette défense de parcours ait été la cause de la disparition de troupeaux assez nombreux.

3° Enfin, le gouvernement, en facilitant aux communes l'aliénation des terres, vagues pour la plupart, qui leur appartiennent, a, par ce fait, aidé à la disparition de troupeaux moins nombreux, il est vrai, mais qui appartenaient à la partie la moins aisée de la population. Le droit de parcours sur ces terrains lui permettait d'entretenir un certain nombre de brebis dont la laine et les produits donnaient de quoi vêtir la famille et de subvenir à ces besoins. Actuellement le nombre de ces troupeaux les plus mauvais, du reste, est très-restreint.

Voilà donc trois causes qui ont contribué à la diminution de la population ovine dans les départements que nous avons déjà nommés; ces causes sont permanentes, à l'exception toutefois de la première, qu'il est facile d'annihiler par une étude mieux entendue des besoins agricoles, et elles ont exercé une influence au moins tout aussi fâcheuse que la pourriture de 1853, 1854.

La population ovine est donc entrée dans une période de décroissance qui n'est pas près de cesser, si l'on n'y prend garde; nous essaierons plus loin d'indiquer les moyens d'y mettre un terme. Il nous suffit, pour le moment, de constater combien cet état de choses est fâcheux, au double point de vue de la production de la laine et de la production de la viande.

Dans les départements du midi de la France, où la propriété est généralement très morcelée, l'élevage du mouton avait été pendant fort longtemps une des industries les plus lucratives pour la moyenne propriété et pour les classes pauvres. Indépendamment de la laine qui fournissait l'étoffe nécessaire à l'habillement de presque tous les habitants de la campagne, le propriétaire pouvait légitimement compter sur un bénéfice net de 8 à 15 francs par an et par brebis, pour chaque agneau né suivant le plus ou moins de soins apportés dans le choix du bélier et dans l'alimentation de la brebis portière ou mère. Ce bénéfice s'élevait à un chiffre assez rond, pour peu que le troupeau comptât de têtes femelles ; d'un autre côté, les brebis, au bout de quelques années, étaient engraissées et, quoique vendues à un prix relativement minime, elles ne laissaient pas que d'être de bonnes têtes de rentes, eu égard au peu de frais nécessités pour l'engraissement. En somme, une certaine quantité de laine grossière bien souvent, intermédiaire quelquefois, mais se vendant toujours un assez bon prix dans nos campagnes ; un certain nombre d'agneaux se vendant à des prix continuellement en hausse, à cause des demandes; enfin, le bénéfice résultant de l'engraissement des brebis portières réformées, telles étaient les ressources que les troupeaux offraient chaque année aux fermiers et aux propriétaires, et ce bénéfice était d'autant plus net que la dépense était insignifiante. En agriculture, où les bénéfices sont peu considérables, la production du mouton était trop lucrative pour être délaissée tout à coup ; de tous les animaux domestiques, le mouton donne un revenu fixe, alors que l'engraissement du bœuf et du porc sont loin de fournir des résultats aussi avantageux.

Et c'est pourtant devant une agriculture progressive, au moins d'après ce qu'en disent les promoteurs, que la production du mouton a dû faiblir, alors que dans le nord, l'industrie ovine est, à bon droit, considérée comme l'élément le plus productif de la ferme; que l'élevage du mouton y est plus en vogue que jamais, et que les agriculteurs, vraiment dignes de ce nom, cherchent à en améliorer la toison, à en développer les formes par tous les moyens que l'hygiène bien entendue conseille!

Diverses tentatives sont faites journellement pour remédier à l'état précaire dans laquelle est tombée, chez nous, la production ovine; malheureusement les esprits généreux qui s'occupent de la question font assez facilement fausse route: ils ne tiennent compte que des améliorations qu'il serait désirable d'obtenir, au point de vue de la production de la laine et de la viande, sans s'occuper des moyens à mettre en usage pour augmenter le chiffre de la population, et sans étudier les circonstances les plus favorables à rendre ces améliorations aussi fructueuses que possible. La question est prise au rebours; avant de chercher à améliorer le mouton, il faut placer celui-ci dans les conditions qui rendent ces améliorations durables.

En général, dans les contrées méridionales, le mouton a été considéré jusqu'ici comme un animal trop rustique, pour lequel les soins intelligents que l'on donne aux autres bêtes domestiques étaient au moins inutiles; c'est là un préjugé qui résulte de la facilité avec laquelle cet animal était entretenu et qu'il est urgent de combattre; cette manière d'apprécier l'élevage du mouton est même la cause principale de la diminution des troupeaux, ainsi que nous l'avons déjà dit.

L'erreur de nos populations agricoles, trop routinières (précisément parce qu'elles ne peuvent guère juger, *de visu*, d'amélioration que bon nombre de propriétaires n'entreprennent que dans un but de satisfaction personnelle), cette erreur, dis-je, avait peut-être quelque fondement, il y a quelques centaines d'années, lorsque le mauvais état de nos routes et les procédés de fabrication des étoffes n'avaient pas offert à la production de la laine tous les débouchés que lui offre le commerce de nos jours. A cette époque, la laine des départements méridionaux était employée uniquement à la fabrication des étoffes grossières désignées sous le nom de *molletons, cadis, castres*, dont les fabriques du midi avaient le monopole; les laines de ces contrées suffisaient à la confection de ces étoffes; quoique se vendant à un prix peu élevé, elles s'écoulaient assez facilement, sans exiger de grands débours, et les propriétaires ne s'inquiétaient pas autrement de la tenue des troupeaux, puisqu'à peu de frais, ils en retiraient le bénéfice le plus clair du domaine; la dépaissance des terres incultes ou en jachère suffisait, à peu de chose près, à leur alimentation. Ces conditions seraient-elles changées, et la production du mouton serait-elle devenue plus onéreuse à la suite du défrichement des terres incultes, de la suppression de la jachère? Tel n'est point notre avis, et tout homme qui envisage la question à son véritable point de vue ne saurait partager cette manière de voir. Le prix de la laine a augmenté d'une manière sensible; nos fabriques d'étoffes ne peuvent suffire qu'avec peine aux commandes de l'exportation; ces étoffes se fabriquent au moyen de laines que l'on est convenu de désigner sous le nom de *laines intermédiaires;* ces laines, nous pouvons les fournir en abondance, si les propriétaires entrent résolûment dans la voie, en diminuant d'autant les demandes par trop considérables que nous faisons à l'étranger. Que devons-nous demander de plus? Production et écoulement faciles. Tout le problème consiste donc à élever les moutons dont la laine approche le plus possible de celle que le commerce emploie sur une si grande échelle, c'est-à-dire les moutons à laine intermédiaire.

Mais, pour que l'élevage de ces animaux ne donne lieu à aucun mécompte, il faut combiner leur entretien avec la culture du sol, il faut diriger celle-ci de telle sorte qu'elle leur donne la plus grande somme possible d'aliments appropriés à leur nature, dans l'espace de la ferme qui peut leur être raisonnablement attribué, sans perte aucune pour les autres industries;

c'est là la véritable base de toute multiplication et de toute amélioration sérieuses.

Nous ne sommes pas aussi avancés que les Anglais et les habitants des départements du Nord sur l'art de produire et d'élever le mouton ; nous ne savons pas créer ces pâturages temporaires dont les ressources sont immenses. C'est sur ce point important de l'industrie ovine que nous avons tout à faire ; tâchons de donner quelques développements sur ce point.

Dans les départements que nous avons en vue, nous donnons trop d'extension à quelques cultures épuisantes et de peu de valeur dans le commerce ; je veux parler du blé noir que le Limousin et une partie du Lot cultivent encore, et du maïs que la Dordogne et quelques coins de l'Agenais sèment avec trop d'abondance pour l'engraissement de quelques volailles et des porcs. Nous ne conseillons pas l'abandon complet de ces plantes, elles sont trop nécessaires ; mais nous voudrions que l'on leur assignât une étendue moins considérable, à la charge de mieux fumer les terres qui les reçoivent ; enfin, nous émettrions un vœu qui nous est bien cher, celui de voir disparaître la jachère dont quelques agriculteurs, assez nombreux encore, ne peuvent parvenir à se défaire. Si nos observations, que nous croyons fondées, étaient reçues avec faveur, nous inclinons fort à croire qu'il serait facile de repeupler nos bergeries, au grand avantage des propriétaires.

Dans les parties où la jachère occupe encore une grande place, il serait possible d'utiliser les terres que le soc respecte, pour la nourriture du mouton, en les couvrant de pâturages annuels ou bisannuels, suivant la durée que doit avoir la jachère.

Quoique la sécheresse d'une partie de l'année soit assez souvent nuisible à l'abondance des fourrages, ainsi que nous en avons fait l'expérience en 1863 et surtout 1864, bon nombre de plantes de nos contrées sont assez rustiques pour fournir de quoi subvenir aux besoins du troupeau.

Dans les terrains de moyenne consistance, qui sont assez sensibles aux ardeurs du soleil, on peut semer avec avantage diverses légumineuses, le trèfle élégant, le trèfle blanc ou triolet, le sainfoin et la luzerne désignée sous le nom de minette dorée. Ces plantes sont toutes très-rustiques, prospèrent dans des terrains d'assez mauvaise nature; elles sont communes dans le Midi, et leur graine, et surtout celle de la minette et du sainfoin, est d'un prix modéré. La rusticité de ces plantes indique suffisamment le grand usage que l'on pourrait en faire dans beaucoup de localités du Sud-Ouest.

Il est rare qu'il y ait avantage à conserver en terres arables les terrains trop secs, trop pierreux; il vaut mieux les planter en vigne. Si toutefois les propriétaires, par des raisons particulières, ne peuvent le faire, il n'est pas impossible de créer de bons pâturages pendant la jachère. Quelques plantes de la famille des rosacées : la pimprenelle, la sanguisorbe, quelques graminées, l'agrostis des chiens, le barbon pied-de-poule, le panic glabre et une foule d'autres plantes qui viennent dans les terrains les plus arides, notamment le plantain moyen, peuvent encore servir à faire des pâturages peu abondants, mais d'excellente qualité, dont les animaux de l'espèce ovine sont très-friands. Dans ces terrains pauvres, les pâturages, ainsi conservés pendant quelques années, offriraient l'avantage de donner au sol, lorsqu'il serait rendu à la culture, une fertilité relativement considérable, tant à cause du repos donné à la terre que des engrais fournis par la dépaissance et les détritus que les plantes abandonneraient. Mais, nous ne saurions trop le répéter, ce n'est que dans des cas très-rares que les terrains de cette nature doivent être livrés à la culture ordinaire, ils doivent être plantés en vigne; celle-ci y réussit généralement fort bien et donne des produits d'excellente qualité.

On doit, pour l'établissement de ces pâturages temporaires, semer de préférence, autant que possible, sur les terres les plus fertiles, sur celles qui redoutent le moins la sécheresse. Par ce moyen, on peut semer des plantes d'une croissance rapide qui n'occupent la terre que très-peu de temps et donnent au propriétaire la faculté de retirer encore une bonne récolte durant l'année. Ainsi, immédiatement après la moisson, pour peu que le temps soit favorable, il y aura avantage à faire des semis d'un mélange de vesces et d'avoine ou d'orge, dans le mois d'octobre; ces plantes ont acquis une hauteur assez considérable pour pouvoir être pâturées; de même au mois de mars on peut semer à la volée sur les champs de blé : du trèfle de Hollande, et surtout des carottes fourragères. Aussitôt après le sciage de la moisson, le mouton trouve sur les éteules, mêlée aux pousses de trèfle, une nourriture suffisante, tandis que la carotte donnera une bonne récolte pour la nourriture de l'hiver.

En semant encore une partie des terres qui ont porté le blé, mais seulement en novembre, soit en jarosses, soit en féverolles, on obtient encore à la sortie de la saison rigoureuse de quoi subvenir aux besoins, jusqu'à ce que la sortie des herbes des haies ou des chemins soit assez avancée pour que les animaux puissent être entretenus sans grands frais. Ainsi, par une succession de semis habilement calculée, de telle manière que les plantes bonnes à pâturer se succèdent les unes aux autres, il sera toujours possible, sans porter aucun préjudice aux récoltes ordinaires, d'entretenir à peu de frais et en bon état un troupeau de production. Au moyen de cette nourriture variée, presque constamment verte, ainsi que le demande le mouton, les animaux jouiront du double avantage du pâturage en liberté et d'une alimentation saine; par ce moyen, le propriétaire intelligent pourra, sans s'exposer à des mécomptes, chercher à améliorer son troupeau, en se basant sur les ressources dont il pourra disposer.

On se fait beaucoup trop souvent illusion sur la facilité avec laquelle on peut améliorer les animaux d'un domaine; bien rares sont, parmi les amateurs du progrès trop zélés, ceux qui n'ont pas payé cher l'ardeur qu'ils ont mise à marcher en avant.

Nous vivons tous les jours avec ces énergumènes bien intentionnés, et, dans leur bonne foi, ils nous racontent souvent les résultats bizarres auxquels ils sont arrivés. Heureusement qu'après les premiers accès de fièvre, la raison arrive; ils calculent froidement d'où vient l'impuissance, et l'étude attentive des faits qui se sont déroulés sous leurs yeux suffit ordinairement pour les ramener dans la voie véritable.

Le principe fondamental dans toute entreprise, relativement à l'amélioration de nos races domestiques, consiste tout d'abord à se créer des ressources en vue de ces améliorations; nous croyons, sur ce point, en avoir assez dit en ce qui concerne l'amélioration des races ovines qui existent dans nos contrées; examinons maintenant, en prévision des modifications culturales dont nous avons parlé, quels sont les moyens d'amélioration auxquels nous devrons accorder la préférence.

Ces moyens sont au nombre de trois : 1° l'amélioration des races par elles-mêmes; 2° par les races étrangères; 3° enfin, par le croisement et puis par le métissage.

Nous allons essayer de développer notre manière de voir sur chacun de ces moyens d'amélioration, exclusivement au point de vue de l'industrie ovine; nous faisons cette observation à dessein, parce que nous ne croyons pas que ce que nous allons dire soit rigoureusement applicable à l'amélioration de toutes nos espèces domestiques sans exception; cette différence nous paraît tenir au point de vue spécial pour lequel chacune de ces espèces est entretenue.

En ne tenant aucun compte des besoins généraux pour la satisfaction desquels on cherche précisément à modifier les races, l'amélioration des races par elles-mêmes, au point de vue abstrait, serait sans contredit le moyen le plus logique et rationnel à mettre en usage; il n'est pas besoin de grands efforts de dialectique pour démontrer le bien fondé de cette manière de voir. Apparemment si les diverses catégories d'animaux domestiques présentent entre elles les caractères essentiels qui forment la race, cela tient à ce que les milieux dans lesquels ces animaux vivent ont été tout puissants pour leur imprimer ces modifications spéciales qui constituent les caractères distinctifs des races; en partant de ce point de vue, le meilleur moyen de faire acquérir aux races les caractères les plus parfaits au point de vue de la conformation générale consisterait à accoupler ensemble les animaux qui s'approchent le plus de cette conformation-type, en se basant sur l'influence toute puissante de l'hérédité.

Mais ce n'est pas à ce point de vue abstrait et par trop général que la question de l'amélioration des races doit être étudiée; les besoins d'une civilisation avancée et toujours en progrès sont là qui nous pressent; nous devons chercher à les satisfaire au mieux possible si nous ne voulons pas être devancés et n'obtenir pour résultat de tous nos efforts que les mécomptes les plus amers.

Les moutons qui se rencontrent dans nos départements appartiennent à deux races bien tranchées : l'une, la race commune, composée d'animaux de petite taille, de conformation généralement vicieuse, à laine jarreuse employée presque exclusivement pour le besoin des campagnes, pour la confection de ces étoffes grossières qui sont fabriquées par le tisserand du village; cette race tend à disparaître tous les jours; c'est sur elle, en effet, qu'ont agi avec le plus d'intensité les causes de la diminution de la population ovine relatées plus haut. Il n'est guère possible d'améliorer cette race par la sélection et par l'alimentation; si l'on est assez heureux pour donner au corps plus d'ampleur, on échoue toujours lorsqu'il est question d'améliorer la toison. Cette dernière, malgré le développement pris par le corps, reste toujours grossière, mêlée d'une grande quantité de poils grossiers qui, chez l'animal à l'état sauvage, sont bien plus développés.

La race commune a sa raison d'être pour quelque temps encore dans les contrées insalubres, marécageuses comme la

Double dans la Dordogne; elle est très-rustique et prospère là où des animaux d'une race plus fine ne sauraient résister longtemps à l'influence d'une atmosphère chargée de miasmes délétères. Il est d'observation générale que la petite race du Limousin ne peut être remplacée dans bon nombre de localités avant que le drainage et autres opérations agricoles, commandées par les circonstances, aient assaini le sol sur lequel elle doit vivre.

Dans l'état actuel de l'agriculture de ces contrées déshéritées, la prudence nous ordonne d'attendre et de ne pas chercher à implanter des troupeaux moins rustiques et plus impressionnables à l'action du milieu; on peut porter une attention plus soutenue à l'alimentation, un peu plus de discernement dans le choix des reproducteurs; c'est à quoi doit se réduire momentanément l'hygiène de ces contrées. Le développement du corps, tel est le seul but à poursuivre; la laine ne gagnera rien en finesse tant qu'il ne sera pas possible d'introduire une race qui soit plus avancée sous ce point de vue.

La race commune, à part la laine, est assez facile à engraisser; elle nécessite peu de frais, et si l'on ajoute qu'elle résiste mieux que toute autre aux privations commandées bien souvent, on pourra reconnaître en elle les qualités qui ont empêché la petite vache bretonne de disparaître au milieu des importations étrangères et des croisements sans nombre entrepris par nos amateurs.

L'autre race, désignée communément sous le nom de race du Quercy, probablement parce qu'elle a sa population plus nombreuse dans les causses et les plateaux du Lot, a une taille plus considérable, une laine plus fine, quoique la toison laisse encore beaucoup à désirer. Les diverses variétés de cette race ne sont à proprement parler que des émanations d'une race du midi beaucoup plus connue sous le nom de race lauragaise. En lisant attentivement les descriptions du mouton lauragais faites par divers auteurs, notamment par M. Magne et par un vétérinaire distingué, M. Vialas, il est impossible de ne pas reconnaître dans ces descriptions le portrait du mouton que nous désignons sous le nom de *mouton du Causse, mouton du Quercy, mouton de Gramat;* ce sont, en effet, les animaux désignés sous ce nom qui forment la plupart des troupeaux un peu fins que l'on rencontre dans le Lot-et-Garonne, le Lot, la partie méridionale de la Haute-Vienne et les trois quarts de la Dordogne.

La toison du mouton du Quercy est assez tassée, le poids en est assez considérable, mais elle n'est pas toujours homogène et le brin de la laine n'offre pas bien souvent le degré de finesse voulu pour les laines intermédiaires; quant à la conformation générale de l'animal, elle manque d'ampleur, surtout dans les parties antérieures; la poitrine est étroite, le garrot n'est pas assez épais, mais la ligne dorso-lombaire est horizontale et le train postérieur bien fourni; ce sont là les caractères des variétés les plus distinguées. Dans les troupeaux qui ont été l'objet de peu de soins, la laine est plus grossière et les diverses régions du corps laissent encore plus à désirer.

La race du Quercy présente d'assez nombreuses variétés dues à l'influence des soins et des milieux dans lesquels elle est reproduite. Les animaux qui la composent sont incontestablement des métis - mérinos; le défaut d'homogénéité des animaux qui sont désignés sous le même nom indique suffisamment qu'ils sont le produit du métissage; ils sont les dérivés du mouton mérinos avec la race commune. L'accouplement des métis a pour seul résultat d'améliorer la finesse de la laine; seulement, l'incurie des propriétaires n'a pas permis à celle-ci de conserver les caractères qui caractérisent la laine du mérinos.

Nous avons eu l'occasion, depuis plus de dix ans, d'observer l'influence de la sélection pour l'amélioration de certains troupeaux placés dans les meilleures conditions possibles; nous avons été à même de suivre l'influence de la consanguinité sur ces mêmes troupeaux, et les résultats obtenus sont loin d'être aussi tranchés que les partisans et les adversaires de cette méthode zootechnique ont bien voulu le prétendre.

Le sieur M......... possède un troupeau de bêtes du Quercy depuis 1844, sans aucune interruption; les mâles reproducteurs ont été choisis dans ce troupeau, placé, du reste, dans d'excellentes conditions. La consanguinité a donc pu agir sur une grande échelle, et les résultats obtenus sont loin d'être défavorables. Sous l'influence d'une alimentation régulière et de bonne qualité, les mères portent deux fois par an, quelques-unes même ont souvent une portée double; la taille des animaux a augmenté, le corps a pris de l'ampleur: seule la laine n'a pas paru sensiblement prendre de qualité.

Le sieur L.... L... possède un troupeau de 100 têtes environ. Ces animaux appartiennent à la race commune, parce qu'ils vivent dans une localité assez froide, un peu humide et que les troupeaux de race du Quercy, que les voisins ont cherché à introduire, sont bientôt décimés par une maladie anémique. Ce troupeau existe depuis plus de 30 ans dans le domaine; seulement, depuis 1848, époque à laquelle il a succédé à son père, ce troupeau est l'objet de soins plus soutenus; les mâles, qui sont toujours pris parmi les 100 têtes, sont choisis avec plus d'intelligence; dans la saison rigoureuse, la pénurie d'aliments n'est pas à craindre; les nourrices reçoivent toujours un supplément de ration. Par ce moyen, on est parvenu à donner de la taille et de l'ampleur aux produits; la toison est devenue plus tassée, plus homogène, mais elle n'a pas acquis de finesse ni de moelleux; elle est tout aussi grossière qu'avant l'administration de M. L...... fils.

De ces deux observations et de quelques autres semblables que nous pourrions citer, il semble résulter que le choix des reproducteurs, combiné avec une hygiène meilleure et une alimentation plus substantielle, ont pour résultat incontestable de développer le corps, mais qu'ils n'ont guère d'action sur les qualités de la laine; que si les animaux obtenus peuvent donner une plus grande quantité de viande généralement de meilleure qualité, ils ne produisent que de la laine à peu de chose près toujours la même.

En présence de ces résultats, tout agriculteur intelligent doit, avant de tenter l'amélioration de son troupeau, rechercher s'il est plus avantageux pour lui de produire de la viande ou de la laine; de la conclusion à laquelle il arrivera dépendra le mode d'amélioration qu'il aura à mettre en usage.

Cette question, nous allons essayer de la résoudre en ce qui concerne nos contrées.

La laine chez nous est un produit de première nécessité; personne ne cherchera à contester cette assertion; elle entre dans la confection de presque toutes les étoffes qui servent à préserver le corps contre les intempéries. Dans l'état actuel de nos connaissances, on n'a pas encore trouvé de quoi remplacer la laine; avec notre civilisation si raffinée, il est impossible de prévoir tous les désastres qu'amènerait la disparition de la laine. Les quantités énormes que nos fabriques en emploient tous les jours pour la fabrication de ces étoffes, dites *nouveautés*, que nous exportons dans le monde entier, indiquent suffisamment tout l'avantage que nous avons à produire la laine propre à la confection de ces étoffes, puisque nous avons un débouché assuré, puisque la laine ne saurait être remplacée par aucun autre produit du sol.

En est-il de même de la viande? Si nous ne pouvons nous passer de la laine, il serait rigoureusement possible de pourvoir à la consommation générale sans la viande de mouton. On conçoit qu'à la rigueur elle pût être remplacée par la chair de tout animal domestique ou de toute autre nouvelle espèce acclimatée. Aussi hasardée que paraisse cette proposition au premier aspect, il n'en est pas moins vrai qu'il ne répugne pas de l'admettre et que le remplacement de la viande de mouton par toute autre viande n'est pas absolument impossible. Sans doute cette substitution ne se ferait pas sans causer une perturbation dans les besoins de la société; mais elle n'entraînerait jamais les mêmes inconvénients que la disparition de la laine.

Ainsi, *à priori*, en ne tenant compte que de nos besoins généraux, la production de la laine est bien plus importante pour nous que la production de la viande, d'où il semble logique de conclure que tous nos soins, tous nos efforts doivent être dirigés vers l'amélioration de nos races ovines au point de vue de la laine. Mais la production de la laine et la production de la viande ne sont pas deux fonctions du mouton aussi antipathiques qu'on le croyait autrefois; l'expérience est là qui vient donner un démenti formel à l'ancien préjugé populaire; voyez plutôt les moutons anglais. Sur des animaux de boucherie par excellence, vous trouvez une quantité considérable de laine d'assez bonne qualité, qu'il ne serait pas impossible de rendre meilleure sans altérer sensiblement l'aptitude de ces animaux pour l'engraissement.

Si ces deux fonctions ne sont pas incompatibles chez le même animal, tous nos efforts, tous nos soins doivent tendre à nous procurer ou mieux à créer le mouton qui puisse le mieux, dans nos contrées, fournir ces deux produits à la fois.

Diverses tentatives dans ce sens ont été faites; les uns se sont adressés aux races étrangères pures, les autres ont eu recours au croisement, au métissage.

Les races étrangères pures qui ont été le plus employées sont les races anglaises et la race mérinos. Voyons les résultats obtenus. L'importation des races ovines anglaises en France ne date, à proprement parler, que de l'institution des concours régionaux. Avant cette époque, quelques achats avaient bien été faits pour les bergeries du gouvernement et par quelques propriétaires; mais, à part ces importations, les races anglaises n'avaient pas encore pénétré chez nous; elles étaient inconnues du plus grand nombre. Lorsqu'elles parurent pour la première fois en public, les agriculteurs n'y firent pas même grande attention; mais bientôt les travaux publiés sur ces races et sur leurs aptitudes et plus encore les fortes primes qui leur étaient attribuées changèrent la froideur de nos propriétaires en enthousiasme; l'engouement n'eut bientôt plus de bornes, les agriculteurs les plus aisés recherchèrent ces animaux avec ardeur; on en vit même quelques-uns se défaire de troupeaux indigènes en bonne voie d'amélioration et qui leur donnaient des bénéfices annuels considérables pour s'adonner exclusivement à l'élevage des dislhey ou des southdowns.

Cet engouement qui ne reposait sur aucune donnée, sur aucune notion bien saine de l'industrie ovine, n'a pas tardé à produire des mécomptes, l'ardeur de nos indigènes s'est peu à peu refroidie; il ne reste plus pour fervent adepte du mouton anglais que quelques propriétaires riches dont le seul but, en poursuivant l'élevage du southdown ou du costlwold, est de pouvoir exhiber des races dont la production n'est pas à la portée de toutes les bourses.

A la suite du concours régional de 1864, dans le sud-ouest, où l'exhibition des races anglaises était loin d'être satisfaisante, quelques bons esprits, frappés de la faiblesse de cette partie du concours, soulevèrent cette question de savoir quelle pouvait être l'utilité des races anglaises dans la région. Une discussion vive, sérieuse, s'éleva sur ce point. Un des partisans les plus accrédités de l'anglomanie, M. X....., grand propriétaire dans un département voisin, nous répondait par ces mots qui indiquent tout d'abord quelle est l'importance que messieurs les anglomanes attribuent à ces races : « *Les races anglaises sont très-précieuses pour nous; elles méritent de fixer toute notre attention, parce qu'elles obtiennent les plus fortes primes dans les concours.* »

Le mot est enfin lâché; si les races anglaises doivent être préférées aux races indigènes, ce n'est pas parce qu'elles satisfont mieux aux besoins de la région, c'est tout simplement parce qu'elles reçoivent les plus fortes primes.

Une déclaration de cette nature montre suffisamment quel est le but vers lequel tendent les exposants des races anglaises; nous savions bien que le Français est par nature amoureux de la gloire; mais nous avions ignoré jusqu'ici que la passion de l'argent pût l'amener à des entreprises contraires à ses véritables intérêts.

Nous sommes complètement d'une opinion opposée à celle de ce propriétaire amateur. Les races anglaises ne reçoivent les plus fortes primes dans les concours que parce qu'il était utile de mettre sous les yeux de nos agriculteurs trop routiniers un spécimen des résultats que l'on peut obtenir par les soins les mieux entendus de l'hygiène combinés avec l'emploi rationnel des méthodes zootechniques. C'était, pour ainsi dire, une leçon pratique que l'administration supérieure de l'agriculture voulait mettre sous leurs yeux, afin que, vaincus par l'évidence, les propriétaires français fissent à nos races l'application des mêmes procédés d'élevage qui ont donné aux races anglaises cette supériorité bien reconnue sur toutes les races de l'Europe relativement aux besoins qu'elles sont destinées à satisfaire.

Il est impossible d'admettre, avec les admirateurs passionnés des races anglaises, que le gouvernement voulût exciter les agriculteurs à les introduire au détriment des races indigènes; les hommes distingués, aux lumières et à l'expérience desquels il fait toujours appel, ne peuvent être soupçonnés d'avoir méconnu les principes fondamentaux de l'hygiène appliquée, c'est-à-dire des conditions particulières dans lesquelles une race peut être conservée, tout en satisfaisant de la manière la plus large aux besoins des contrées où elle vit.

Sans doute les Anglais ont des races qui méritent toute notre admiration par rapport au degré de perfection auquel elles sont arrivées: mais il n'en est pas moins vrai qu'indépendamment de leur bonne conformation et de leur précocité remarquables, elles remplissent parfaitement le but en vue duquel elles ont été améliorées.

Si les races bovines et ovines ont été améliorées par nos voisins dans le but exclusif d'un engraissement rapide, c'est que chez eux le bœuf n'est point employé aux travaux de la terre, qu'exécutent de nombreuses machines agricoles et des lourds et puissants chevaux; si, d'un autre côté, le mouton est considéré comme une bête de boucherie plutôt que comme un animal destiné à fournir la laine, c'est que les Anglais, le peuple le plus spéculateur du monde, tiennent par leurs nombreux navires, à peu de chose près, le monopole des mers, au moyen desquels ils transportent dans leur pays, qui est devenu le siége d'un marché universel, les laines des différentes contrées où le mouton vit encore à l'état pastoral et notamment de l'une de leurs colonies, de l'Australie.

Le peuple anglais, par son commerce avec le monde entier, n'avait donc pas à s'occuper bien sérieusement de la production de la laine; il devait chercher avant tout à augmenter autant que possible le chiffre de la production animale, afin que les nombreux industriels qui le composent reçussent une alimentation plus substantielle, chargée d'une grande quantité de matière grasse dont le rôle dans l'alimentation est d'entretenir la chaleur animale. Les Anglais n'ont pas à leur disposition le vin, comme nous; ils n'ont que des liqueurs fermentées, bien inférieures au produit de nos vignes; aussi la graisse considérable de leurs animaux sert, jusqu'à un certain point, à remplacer le vin.

Bien différents sont les besoins que nous avons à satisfaire en France; nos bœufs travaillent avant d'être engraissés; ils ne peuvent donc pas être uniquement améliorés au point de vue de la production de la viande. Pour les laines, nous sommes tributaires des Anglais, nous sommes constamment obligés d'aller faire nos approvisionnements sur ce grand marché universel dont il a été question plus haut, et cependant nos exportations en produits de laine manufacturés sont énormes; nos fabriques envoient chez tous les peuples civilisés; nous devons chercher par tous les moyens possibles à diminuer le chiffre de nos achats en laines, à les produire chez nous, puisque nous avons les moyens d'y parvenir.

Ainsi le mouton, qui est presque exclusivement un animal de boucherie en Angleterre, doit, avant tout, en France être élevé pour la laine; de là des différences sensibles dans la conformation et les aptitudes de nos moutons. Mais quand bien même le but pour lequel le mouton est entretenu dans le midi de la France et en Angleterre serait le même, est-ce que les conditions climatériques de ces deux contrées ne sont pas tellement tranchées que les mêmes animaux puissent s'y conserver également dans toute la pureté de la race? Il suffit de poser la question pour la résoudre. Nous n'avons pas, chez nous, ce ciel constamment brumeux qui prédispose les animaux au tempérament lymphatique, les rend plus aptes à prendre la graisse qui est si favorable, par la température peu variable, au développement des prairies et des cultures sarclées; nous n'avons pas ces magnifiques champs de navets, de rutabagas dont les Anglais sont si fiers à juste titre.

Dans le sud-ouest de la France, la température est très-variable; du froid nous passons souvent sans transition aucune à une chaleur considérable; à la suite de longues pluies, il n'est pas rare de voir survenir une sécheresse qui fait le désespoir de tous nos agriculteurs, qui compromet nos récoltes sarclées, qui nous enlève la plus grande partie de nos fourrages artificiels et naturels; les dernières années et surtout l'année 1864 sont là qui nous démontrent à quelles nombreuses vicissitudes sont soumises nos récoltes d'été.

Cette différence dans les conditions climatériques des deux contrées nous fait voir, sans qu'il soit utile d'insister plus longtemps, à quels mécomptes s'exposent ceux qui, au mépris des principes les plus élémentaires de l'amélioration des races, ont cherché à remplacer nos races indigènes par les races anglaises; les faits sont là qui nous éclairent.

Lorsqu'on suit attentivement les concours régionaux du midi, qu'on porte plus spécialement son attention du côté des animaux que l'on désigne sous le nom de races anglaises pures, on demeure frappé d'étonnement en faisant, par la pensée, un rapprochement entre ces animaux et ceux que l'on a pu voir arriver directement d'Angleterre. Au bout de deux ou trois générations de ces races pures en France, la conformation est déjà sensiblement modifiée : au lieu de ces formes massives que l'on admire dans le bétail produit et élevé en Angleterre, vous trouverez des animaux plus élevés sur jambes, d'une ampleur moins considérable ; si même ils n'ont pas été élevés et nourris avec des soins particuliers, et, naturellement, très-dispendieux, ils sont moins bien conformés que nos animaux indigènes améliorés par la sélection et l'alimentation. Beaucoup de ces derniers séduisent plus facilement l'œil de l'observateur. On voit assez fréquemment des durhams qui n'ont pas un train postérieur aussi bien fourni que nos limousins ou nos agenais améliorés, et, pour notre part, nous avons vu des moutons anglais de race pure qui ont été même primés, mais qui n'avaient pas plus de cuisses que nos moutons indigènes. Cette dégénérescence des animaux des races anglaises pures élevés et nourris en France a frappé tous les hommes sérieux et impartiaux qui étudient d'une manière suivie les principaux faits mis en relief par nos expositions régionales ; aussi lit-on, presque continuellement, dans les comptes-rendus des concours du Midi, et insérés dans les journaux agricoles, cette phrase qui semble avoir été stéréotypée pour le cas : « L'exposition des races anglaises laissait beaucoup à désirer ; » ou bien celle-ci : « L'exposition des races anglaises était faible. » Puisque l'expérience journalière nous apprend que les animaux de provenance anglaise réussissent si peu dans le midi et le sud-ouest de la France, comment se trouve-t-il encore des agriculteurs assez peu soucieux de leurs intérêts pour ne pas quitter cette voie ruineuse, et revenir dans celle qui est la seule véritable ?

Il est vrai que le nombre de ceux-ci tend à diminuer tous les jours; bon nombre ont déjà renoncé à ces races qui ne leur donnaient, en fin de compte, que des embarras assez sérieux pour leur élevage et leur alimentation; mais, au lieu de chercher de faire à nos races l'application des procédés dont se sont servis les Anglais, ils ont mieux aimé avoir recours au croisement des races indigènes avec les races anglaises. Les raisons qu'ils donnent à l'appui de leur nouvelle manière d'agir peuvent être résumées de la manière suivante : les différences climatériques ne nous permettent pas de nous adonner avec succès à l'élevage des races anglaises pures; c'est un fait maintenant mis hors de doute par les résultats auxquels nous sommes arrivés. Mais ne serait-il pas possible d'arriver à améliorer nos races par croisement de celles-ci avec les races anglaises, au moyen de l'introduction de mâles reproducteurs? De cette manière, nous obtiendrons des produits mieux acclimatés, plus capables de résister aux variations brusques de la température méridionale, en même temps que ces produits hériteraient en partie de la conformation et des aptitudes des races anglaises; une fois cette conformation et ces aptitudes fixées par le croisement, on pourrait accoupler entre eux les animaux les plus parfaits, issus du croisement, et l'on finirait ainsi par créer des races mieux appropriées aux besoins de nos localités.

Ce raisonnement assez spécieux, en apparence, se trouve en contradiction flagrante avec les données de la pratique; sans doute, par l'introduction des races ovines anglaises, on donne aux produits obtenus par le croisement une conformation plus ample, une plus grande aptitude à prendre la graisse; mais le résultat obtenu n'est qu'individuel; et si, plus tard, on vient à unir ensemble les animaux ainsi obtenus, la plupart du temps, on ne tarde pas à s'apercevoir que les produits du métissage s'éloignent beaucoup plus qu'on n'était porté à le croire du type améliorateur, et qu'ils ont une tendance à revenir au type primitif, c'est-à-dire au type indigène. C'est là encore un fait qui été mis hors de doute par les concours régionaux ; voilà pourquoi nous remarquons, dans les races croisées, cette incohérence dans les produits exposés, ce pêle-mêle d'animaux assez difficiles à reconnaitre, et qu'on a bien caractérisés par une expression pittoresque : *fouillis du hasard.*

Quand même les résultats obtenus auraient été plus favorables, il n'en est pas moins vrai que par l'emploi des races ovines anglaises, nous marchons à l'encontre des résultats que nous devons rechercher ; notre premier intérêt, c'est de produire d'abord de la laine d'une finesse moyenne pour alimenter nos fabriques, et la viande ne doit venir qu'en second lieu, non que nous devions entièrement négliger l'amélioration de nos races ovines, sous ce point de vue ; loin de là, nous devons, au contraire, développer cette aptitude en tant qu'elle est compatible avec la production de la laine. Mais ces deux aptitudes ne s'acquièrent pas de la même manière, tandis que la dernière n'est, en dernière analyse, qu'une question de soins hygiéniques, d'une bonne alimentation ; la production de la laine intermédiaire est une question plus complexe, plus difficile à résoudre.

En effet, par l'alimentation, il n'est pas possible d'améliorer la laine ; nous avons cité plus haut des exemples que nous avons choisis parmi plusieurs. On peut développer la toison, la rendre plus tassée, plus homogène, mais on ne peut pas en rendre le brin plus fin, plus moelleux ; loin de là, au contraire, il est de remarque que plus les troupeaux sont abondamment nourris, plus la laine est raide, cassante, et plus le brin devient gros.

D'un autre côté, la finesse de la laine se transmet facilement, en dehors de la conformation ; c'est ainsi qu'en accouplant une brebis ordinaire avec un bélier de race à laine fine, on obtient des produits dont la laine se rapproche beaucoup de celle du père, et cette finesse de la laine se maintient par le métissage beaucoup plus longtemps que les autres qualités du type améliorateur; il y a moins de *coups en arrière* pour la finesse de la laine, que pour la conformation et pour l'aptitude à prendre la graisse.

Notre manière de voir se trouve confirmée par ce qui s'est passé dans les races ovines du Sud-Ouest ; la race commune, bien nourrie, a donné des animaux plus grands, plus étoffés ; mais la laine a toujours conservé ses caractères primitifs, tandis que la race lauragaise, ou mieux, chez nous, la race du Quercy, qui est formée par ces métis-mérinos, par l'accouplement de la race commune avec un bélier mérinos, depuis plus d'un demi-siècle, conserve une laine bien supérieure, bien plus fine, plus ondulée. Ces renseignements, qui nous sont fournis par l'observation, nous indiquent la voie dans laquelle nous devons entrer pour améliorer nos races ovines du Sud-Ouest : nous devons avoir recours au mérinos.

Le mérinos est, depuis bon nombre d'années, l'objet de toute l'attention des agriculteurs du centre de la France ; il commence, depuis quelque temps, à s'introduire dans les domaines du Sud-Ouest, à la suite de l'insuccès complet des races anglaises ; mais il est encore l'objet de bien des préventions, qu'on ne saurait trop réfuter, parce qu'elles ont trouvé des partisans parmi les membres de nos sociétés d'agriculture. On reproche au mérinos de n'être pas assez rustique pour nos contrées, de n'être pas assez précoce, de donner de la viande de mauvaise qualité, enfin, de donner une laine qui n'est pas propre au peigne ; voilà les quatre reproches que nous avons entendu formuler contre le mérinos, il n'y a pas longtemps encore, à propos d'un troupeau que le fils d'une de nos Excellences, M. Alfred Magne, receveur-général à Orléans, a introduit, il y a quatre ans, dans sa propriété de Trélissac, à quelques kilomètres de Périgueux.

De tous ces reproches, aucun ne supporte l'analyse ; nous n'aurons pas grand'peine à le démontrer. Tout d'abord, l'objection tirée de ce que la laine du mérinos n'est pas propre au peigne n'est pas sérieuse ; elle prouve tout simplement, de la part de ceux qui la formulent encore, qu'ils ne sont pas bien au courant des progrès réalisés par l'industrie. Aujourd'hui, la distinction des laines en laines à carde et laines à peigne n'est plus fondée; elle n'a pas d'importance : par le perfectionnement des machines, on est parvenu à peigner les laines même les plus courtes.

Quant au reproche adressé au mérinos de ce qu'il n'est pas assez rustique, que la mortalité viendrait le frapper trop souvent, ce reproche ne peut être étayé sur aucune preuve, si l'on vient à faire remarquer que le mérinos vit aujourd'hui à l'état de troupeau dans un grand nombre des départements de la France, dont les conditions climatériques sont loin d'être les mêmes ; on voit les mérinos prospérer également dans la Beauce, dans les plaines plus humides de la Picardie; et si, parfois, il est frappé par des épizooties qui déciment les troupeaux, il subit la loi commune, et les pertes que les troupeaux mérinos éprouvent, ne sont pas plus considérables que celles des troupeaux ordinaires. Dans tous les cas, les rigueurs plus considérables qu'ils éprouveraient, de la part du fléau, seraient peut-être plutôt dues aux améliorations tentées par l'homme, qu'au peu de robusticité de son tempérament. Du reste, le climat du Sud-Ouest se rapproche beaucoup plus de celui de la mère-patrie, que le climat de la Beauce et de la Picardie; dès-lors, le mérinos devrait plus facilement s'acclimater chez nous que dans le centre et dans le nord de la France. Dès 1864, on fit beaucoup de bruit sur la non rusticité du mérinos, à propos d'une maladie qui aurait attaqué le troupeau de M. Magne, à peine arrivé depuis un an, et qui était sur le point d'être décimé; des renseignements pris sur les lieux, nous pûmes nous convaincre que la maladie n'avait attaqué que deux têtes, que c'était seulement une fièvre inflammatoire, occasionnée par le régime de la stabulation permanente, à laquelle le troupeau fut soumis pendant deux mois des plus fortes chaleurs, à cause de travaux trop considérables entrepris par le propriétaire, et qui ne permettaient de guère sortir ces animaux. La maladie, du reste, ne fit aucun ravage, n'a pas reparu depuis, et le troupeau que nous avons vu, il n'y a pas encore longtemps, est dans un état prospère, et destiné à produire d'excellents résultats dans une contrée où l'industrie ovine est assez arriérée.

Le mouton mérinos vit à l'état de troupeaux dans les colonies, dont le climat est bien plus chaud que celui de la France; il y prospère, ce qui réduit à néant toutes les objections faites sur ce point. Il n'y a plus de doute aujourd'hui, le mérinos peut vivre assez facilement dans les climats les plus variés.

Un troisième reproche adressé au mérinos et qui, au premier abord, paraît être assez spécieux, c'est de n'être pas assez précoce, de prendre difficilement la graisse.

Le défaut de précocité est un reproche que l'on peut adresser d'une manière générale à toutes les agglomérations d'animaux que l'on est convenu de désigner sous le nom de races primitives, et, assurément, les races anglaises, avant les améliorations qu'elles ont subies, et qui donneront à jamais l'immortalité aux noms des Colling, des Backwell, des Jonas Webb, n'étaient pas à l'abri de ce reproche. Les membres de la Société centrale sont mieux au courant que nous des modifications apportées dans les aptitudes de ces races, à l'état vierge, s'il est possible de s'exprimer ainsi, pour que nous ayons à nous expliquer plus longuement. Il est possible, il est même certain que la race mérine, telle qu'elle est arrivée en France sous Louis XVI, était une race difficile à engraisser, que les mérinos arrivaient lentement à l'âge adulte; mais est-ce une raison pour conclure, d'un fait déjà ancien, et qui n'a été contesté par personne, à la persistance de ces mêmes défauts, dans une époque où toutes les races ont été si bien assouplies par le façonnement que leur a imprimé l'intelligence de l'homme?

Tout, jusqu'ici, nous démontre le contraire, dans les diverses races qui ont été l'objet d'attention les plus soutenues, de la part de nos agriculteurs les plus distingués. L'énumération de ces transformations, dans ce travail, serait trop longue, elle serait même un hors-d'œuvre ; aussi nous n'insisterons pas ; mais notre esprit se refuse à comprendre pourquoi la race mérine se serait montrée rebelle à tous les procédés zootechniques, dont l'influence considérable sur toutes les autres races devient de plus en plus manifeste ? Ces améliorations de la race que nous n'avons pu encore constater dans nos localités, attardés que nous sommes dans la voie du progrès, l'ont été déjà depuis quelques années dans nos départements du Centre et dans quelques départements du Nord et de l'Est. Là, la relation des concours régionaux met en évidence, chaque année, combien le mérinos est malléable, pour ainsi dire, sous les efforts intelligents de nos agriculteurs ; nous ne voulons pas citer de noms particuliers, nous faisons seulement un appel impartial au souvenir et à l'expérience de ceux qui fréquentent nos exhibitions régionales, dans le but d'étudier sérieusement les améliorations de nos races.

Peut-être que les mérinos n'obtiendront pas, dans nos localités, toute l'ampleur qu'ils ont acquise dans les contrées où l'abondance des cultures sarclées et des fourrages moins exposés à des sécheresses de longue durée, permet de les nourrir plus abondamment et d'une manière permanente ; mais la règle la plus ordinaire de la prudence nous commande de rester satisfaits des bontés de la nature et de ne pas chercher à en forcer les bornes.

Non, il n'est pas exact de dire que le mérinos soit plus rebelle que les autres animaux domestiques aux procédés d'amélioration ; que si, jusqu'ici, il a passé pour tel aux yeux de beaucoup d'agriculteurs du Midi, c'est que nous n'avons pas su encore, ainsi qu'il a été dit déjà, mettre à la disposition de nos bêtes ovines cette quantité de nourriture que les Anglais et nos compatriotes du Nord de la France ont su si bien créer.

Enfin, le dernier reproche adressé au mérinos, c'est de donner une viande de mauvaise qualité. Ce reproche date de l'époque de l'introduction des mérinos en France; il s'est perpétué jusqu'à nos jours par le préjugé. Nous voulons bien croire que la viande de mérinos, à sa première apparition chez nous, avait une certaine amertume, qu'elle avait une saveur à la faire repousser par nos gourmets, dont la répulsion, peut-être, n'avait pour but que de faire exclure une race à jamais précieuse pour notre industrie; et quand bien même cette amertume, cette saveur désagréable de la viande appartiendrait aux premiers mérinos introduits, est-ce une raison pour croire qu'elle ait persévéré? N'est-il pas, au contraire, plus raisonnable d'admettre que la saveur de la viande s'est modifiée du tout au tout, sous l'influence des améliorations qu'a subies le mérinos? Qu'y a-t-il d'impossible dans une pareille hypothèse? Les plantes les plus vicieuses, lorsqu'elles viennent en plein sol, ne sont-elles pas devenues des plantes potagères les plus recherchées, dès que l'homme les a soumises à une culture étudiée? Ce qui est vrai pour le végétal, doit l'être également pour l'animal domestique; il est le constant sujet de notre attention, on cherche à l'améliorer, à le perfectionner, de manière à ce qu'il devienne un de nos moyens d'alimentation le plus important et le plus sain.

Mais l'hypothèse que nous avons admise à priori, par la simple comparaison de ce qui passe dans le végétal cultivé, soumise à nos soins attentifs, se trouve être un fait réel, indéniable par les expériences qui ont été rapportées : les mérinos améliorés de la Beauce, des environs d'Orléans, de la Picardie, donnent une chair aussi savoureuse que nos autres moutons, moins les moutons de prés salés peut-être; mais, dans ce dernier cas, la saveur de la viande tient à des conditions particulières, dans lesquelles il n'est pas possible de placer tous les moutons.

Pour notre part, nous avons goûté de la viande, en bonne compagnie, et tous les convives ont été unanimes, sur ce point, que la viande du mérinos est aussi succulente que celle des moutons indigènes : l'antagonisme que l'on suppose exister entre la laine fine et la saveur de la viande a pu exister, lorsque les troupeaux ne recevaient aucun soin, mais cet antagonisme a disparu depuis que le mouton a été modifié dans sa conformation, dans ses aptitudes par la culture intelligente dont il est devenu l'objet.

Que reste-t-il de tous ces reproches qui n'ont aucun point de départ basé sur des faits bien observés? Rien, sinon une prévention que rien ne justifie et qui n'a pour elle que le préjugé populaire. Comme tous les animaux domestiques, le mérinos est sensible aux tentatives d'amélioration; sous l'influence de soins hygiéniques bien entendus, d'une sélection sévère, il est susceptible d'acquérir la précocité et une aptitude marquée à l'engraissement, sans que les qualités de la laine soient sensiblement altérées. En d'autres termes, et pour nous résumer, dans l'état actuel, le mérinos est le seul mouton dont la production et l'élevage puissent donner lieu à des résultats satisfaisants dans le Sud-Ouest, en même temps qu'il nous conduit à des dépenses moins considérables.

Plus facile à s'acclimater que les races anglaises, en raison même de la proximité de son lieu d'origine, il nous donne, d'abord, en quantité une laine de bonne qualité, parfaitement appréciée par le commerce, et, en second lieu, il peut nous fournir, à un âge peu avancé, une viande savoureuse.

Mais à quel mode d'amélioration par le mérinos devons-nous avoir recours? Devons-nous chercher à introduire la race pure, celle dont les nombreux troupeaux améliorés occupent une grande partie de la France, à l'exclusion des races indigènes, ou bien serait-il préférable d'avoir recours au croisement d'abord, et au métissage ensuite?

La substitution du mérinos aux races indigènes ne saurait se faire d'emblée dans un pays où la terre est trop morcelée, où le propriétaire ne possède pas, en général, l'épargne que nécessiterait une pareille tentative. Le mérinos amélioré revient à un prix trop considérable pour conseiller une révolution aussi immédiate; en toutes choses, il faut considérer la fin, a dit le bon Lafontaine, et c'est par cela même que la fin à laquelle nous serions fatalement conduits par cette substitution immédiate serait trop dispendieuse, que nous sommes fort éloignés de cette manière de procéder.

Nous croyons sincèrement (fussent même nos idées en contradiction avec les principes fondamentaux d'une zootechnie par trop théorique), que le mérinos ne doit être introduit dans nos troupeaux que comme agent améliorateur, que nous devons chercher à obtenir d'abord des métis, lesquels accouplés ensemble nous donneront le véritable animal qui doit convenir le mieux à notre situation agricole. Quelques explications sont nécessaires à ce sujet : nous savons, par expérience, que le métissage n'est pas susceptible de produire une fixité de caractères, telle que les animaux qui en sont issus puissent produire une race; mais nous ne croyons pas non plus que ce procédé zootechnique ne suffise pas à l'amélioration de nos races ovines. Le développement de la conformation, l'ampleur des formes, chez les moutons indigènes, nous pouvons l'obtenir facilement par un choix des reproducteurs, par une alimentation plus substantielle ; dès la première génération, les améliorations obtenues sont déjà très-sensibles ; nul animal, peut-être, n'est plus sensible à l'emploi de ces moyens. Quant à l'amélioration de la laine, elle s'obtient facilement en dehors d'une sélection rigoureuse et d'une alimentation trop soignée; l'animal à laine fine transmet à son descendant les qualités de la toison, et celui-ci les conserve fort longtemps, sans trop de soins de la part de l'agriculteur.

Ces faits sont vérifiés exacts tous les jours; pourquoi donc l'emploi du mérinos avec nos brebis améliorées ne donnerait-il pas lieu à des résultats satisfaisants, alors que les métis obtenus viendraient à être accouplés ensemble ? On aurait ainsi, à la fois, des animaux d'une conformation plus régulière, et dont la laine trouverait un débouché facile : mais le résultat obtenu serait d'autant plus favorable que les femelles indigènes, dont on essaierait l'amélioration de la laine, sont reconnues, par tous ceux qui se sont occupés de la matière, comme des métis mérinos, chez lesquels l'influence du type améliorateur, en ce qui concerne la toison, n'est pas encore effacé; qu'il est, au contraire, saillant, malgré le peu de soins apportés à l'élevage des troupeaux, et que les adversaires du métissage ne trouvent de meilleur moyen d'amélioration pour ces métis que l'amélioration de ces métis par eux-mêmes.

RINGUET,

Médecin-vétérinaire à Belvès.

Dupont et C. — Jt 68.

www.ingramcontent.com/pod-product-compliance
Lightning Source LLC
LaVergne TN
LVHW012023160826
845678LV00002B/997

* 9 7 8 2 3 2 9 6 6 1 5 3 7 *